BEAUTIFUL BLOOM

美丽的绽放

喜马拉雅山脉的特有花卉

西藏户外协会 罗浩 主编

北京出版集团公司
北 京 出 版 社

丛书编委会	吴雨初　乔玢　李清霞　欧阳旭　罗浩　刘可　沈鹏飞
主编	西藏户外协会　罗浩
执行主编	沈鹏飞
策划	西藏生物影像保护（TBIC）
序言撰写	马原
图片摄影	罗浩　张巍巍　吕玲珑　冯利民　吴立新　刘源　彭建生　董磊　陈尽　邢睿　王辰　袁媛　胡杨　雷波　范毅　吴秀山　徐建　郭亮　李磊　程斌　肖诗白　崔士民　曲维年　贾世海
内容撰稿	沈鹏飞　陈尽　冷林蔚　江冲
图片编辑	沈鹏飞
统计编辑	李直
TBIC项目主管	袁媛
插画师	左英姿

出版总策划	李清霞
项目负责	刘可
责任编辑	杨晓瑞
特约编辑	王屏
特约编审	郭冬生　吴岚　魏来　雷维蟠
责任印制	武绽蕾　杨晓瑞
装帧设计	刘曼

序言

致敬与喝彩

　　"环喜马拉雅生态博物丛书"是一部非凡之书，首先它填补了一个巨大的空白。我们都知道，喜马拉雅山是地球之巅，自然环境极为特殊，地处高寒、人迹罕至，有许多地方是人类鲜有涉足的区域。全方位的生物考察难之又难。以罗浩为首的团队历经数年，跋涉数千公里，在极端的气候条件、极端的道路交通困难之下，以极精湛的手段，完成了这部承载喜马拉雅山生物多样性的鸿篇巨制，不能不说是一个真正意义上的奇迹。

　　罗浩是一位行动的巨人。他在少年时已经是成功的摄影家，屡获国内各种摄影大奖。他又是个职业旅行家，足迹遍布全藏山山水水。他同时是闻名遐迩的探险家，是著名的雅鲁藏布江探险漂流的创始人。最近二三十年里，很多关于西藏的纪录片中都可以见到他的身影。最近几年，他和他的团队全力投入到喜马拉雅山的生态考察中。

我们知道，喜马拉雅山北坡属中国领土范围，北坡与南坡不同，由于大山屏障般的阻碍，生态极富多样性，动物、植物都与地球上其他地方有所不同。罗浩团队克服了常人无法想象的艰难险阻，最终完成了这部大书，为人类了解这座大山脉中的生命奇观提供了翔实的第一手资料。它不只有科学的价值，更有人文的意义。

它是一部精美绝伦的书。它由一群真正的职业摄影家撑腰，所有的图片都极为专业，你可以当它是一部自然摄影专辑，美轮美奂。而且他们没把它做成只供专家、学者阅览的学术专著，而是将它的门槛放到最低，做成专供大众阅读的优秀图书，真正做到了老少咸宜、雅俗共赏。

向罗浩和他的团队致敬！

为"环喜马拉雅生态博物丛书"喝彩！

当代著名作家
著有《冈底斯的诱惑》
先锋派的开拓者之一
曾任同济大学中文系教授、主任

姹紫嫣红的高原植物

　　雅鲁藏布大峡谷地区在多次影像生物多样性调查中，共记录到植物471种，分属于71科229属。这里的典型植被类型种类较为丰富，包括针阔混交林、针叶林、林草交错带、高山灌丛、高山草甸、流石滩，以及湿地、河谷沙地、村镇生活区，共9种类型。在不同的时间或季节，不同的生境类型之中，可供观赏的植物种类及景观也有所差异。尤其在花开时节，高原一片姹紫嫣红，与人们印象中皑皑雪山形成强烈的对比。

　　高山草甸以草本植物为主，物种多样性较丰富，主要类群包括蓼（liǎo）属、银莲花属、委陵菜属、红景天属等，其中委陵菜属、无心菜属、岩梅属等植物形成典型的垫状，此类型植被与其下的高山灌丛过渡地带，均可见到绿绒蒿属、龙胆属、虎耳草属、风毛菊属（雪莲亚属）等，共同构成颇具观赏价值的高山花卉景观。

　　流石滩植物的植物多样性较匮乏，除散生大黄属（塔黄）、风毛菊属等植物外，靠近草甸的过渡地带常见低矮的柳属、岩梅属、杜鹃花属等植物。

　　湿地可分为湿草甸、湖畔及溪流边缘不同的两种类型，湿草甸见于林窗地带，通常伴以细小的溪流，其中报春花属、鸢（yuān）尾属、马先蒿属、毛茛（gèn）属等植物可构成典型景观，极具观赏价值；湖畔及溪流边缘的湿地以驴蹄草属、报春花属、马先蒿属等植物为代表种类。

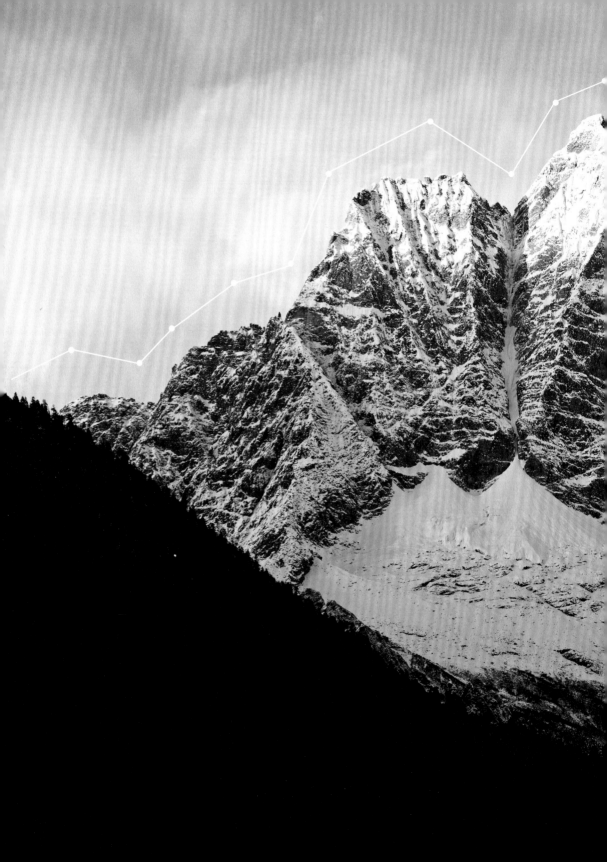

雄伟的喜马拉雅山

喜马拉雅,一个神圣而邈远的名字。喜马拉雅山,一个令人悠然神往又肃然起敬的地方。它是世界上最年轻、最高大的陆地山系。喜马拉雅山横亘在亚洲中部、青藏高原的南缘。这里有世界最高的山峰,山岩与冰雪间隐藏着人类缘起的神秘,还有亚洲大陆诉说不完的传奇。

"国王的宝座"山峰

如何识别植物

识别植物是一个需要日积月累的过程，一方面需要学习和掌握一定的植物分类学基础知识和方法；另一方面需要借助一些检索工具和图鉴，不断进行实践和练习，积累和总结经验，逐步掌握常见科、属的特征。

植物的形态多种多样，人们根据植物的用途逐步地将其进行分类进而创造了一套如何观察和识别植物的完整体系，即植物分类学。

本书对植物的描述依据植物分类学的六大外部形态特征，即根、茎、叶、花、果实和种子（见图一）。

❶ 一株植物所有根的总称叫根系，主要分为直根系和须根系。

❷ 根据茎的形态特征将植物分为乔木、灌木、藤本及草本。

❸ 叶有完全叶与不完全叶之分，前者具有叶片、叶柄和托叶三部分的叶，后者只有叶片，缺乏叶柄或托叶，或两者都没有。根据叶片在枝条上生长的位置可分为对生、互生、轮生、簇生。再根据叶柄上所生叶片的数目，可以把叶片分成单叶和复叶两种，复叶是由多数小叶组成，根据小叶在叶轴上排列方式和数目的不同,可分为掌状复叶、三出复叶、羽状复叶。

叶边缘的锯齿形状也为描述重点，有浅裂、深裂、全裂之分（见图二）。

❹ 根据花瓣数目与外形，花可分为：十字形花、蝶形花、唇形花、管状花、舌状花；依据花梗上花固定的排列方式主要分为总状花序、穗状花序、头状花序、轮伞花序、复伞形花序、圆锥花序（见图三）。

❺ 根据果实成熟时果皮的性质分类可分为核果、浆果、荚果、角果、蒴果、瘦果、翅果、坚果等。

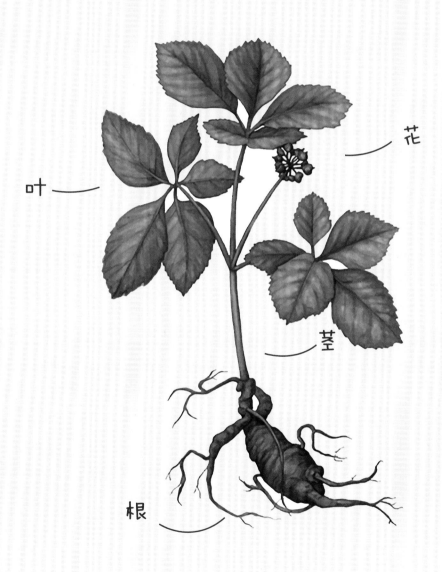

花

叶

茎

根

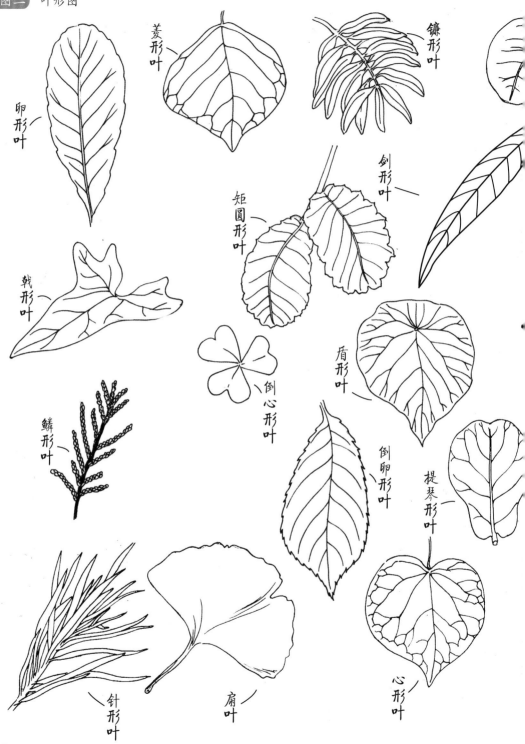

镰形叶

菱形叶

卵形叶

剑形叶

矩圆形叶

戟形叶

盾形叶

倒心形叶

鳞形叶

倒卵形叶

提琴形叶

心形叶

针形叶

扇叶

圆形叶

互生叶序

条形叶

三角形叶

轮生叶序

披针形叶

椭圆形叶

匙形叶

对生叶序

肾形叶

簇生叶序

17

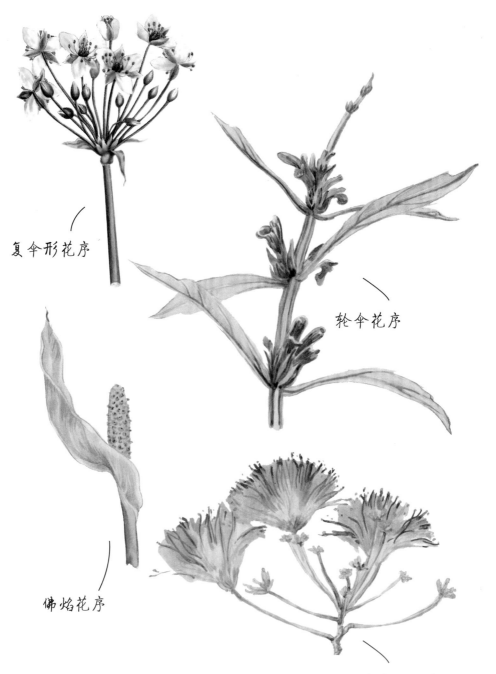

复伞形花序

轮伞花序

佛焰花序

头状花序排列成圆锥状

头状花序

穗状花序

圆锥花序

总状花序

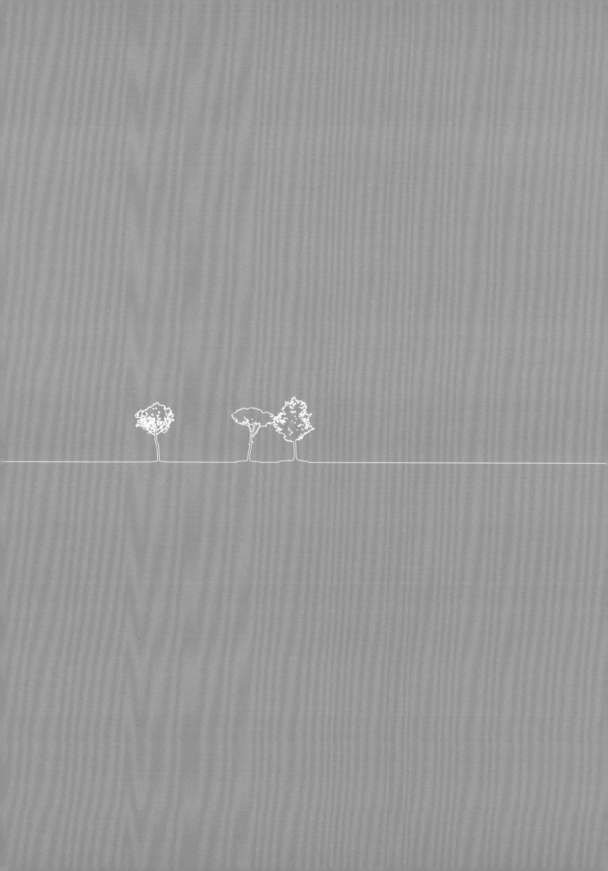

目录
Contents

高原映山红　杜鹃花

高原的春天使者　报春花

草地上的一抹蓝　龙胆花

喜马拉雅蓝罂粟　绿绒蒿

奇特的高原观赏植物

单叶绿绒蒿

著名的四大高山花卉

　　在人迹罕至、自然环境较为恶劣的高原地区，并不仅仅只有冰雪流沙，这里也有丰富的植被类型，有许多种类的植物适应了高原环境，在这里顽强地生长。尤其是高山灌丛、高山草甸、流石滩以及湿地地区，物种多样性比较丰富，每到花期，这里一样绽放着各种美丽的花朵。其中杜鹃、报春、龙胆、绿绒蒿这四大类花卉，由于品种繁多而且富有特色，被称为"四大高山花卉"。

　　它们在不同的季节装点了高原的美丽，成为重要的高原观赏花卉。高山草甸与高山灌丛及其过渡地带，均可见到绿绒蒿属、龙胆属植物；流石滩靠近草甸的过渡地带常见杜鹃花属植物；报春花属主要分布在湿草甸和湖畔及溪流边缘的湿地地区。

　　由于身处偏僻的高原地区，很多人至今仍然对四大高山花卉知之甚少。然而从19世纪开始，欧洲的探险家和植物学家就已经来到青藏高原，采集了大量的植物标本，将许多植物引种到欧洲的花园。美丽的绿绒蒿就被欧洲人称为"喜马拉雅蓝罂粟"，受到人们的青睐和迷恋。

高原映山红 杜鹃花

　　杜鹃花又名映山红、山石榴，是中国十大观赏花卉之一，在日常生活中经常能够见到。相传，因杜鹃鸟日夜哀鸣咯血，染红花朵而得名。

　　在全世界约有900种杜鹃花，其中中国有530余种，占全世界59%，特别集中于云南、西藏和四川三省区。念青唐古拉山东段、喜马拉雅山东段、横断山区一带，是世界杜鹃花的发祥地和分布中心。

　　杜鹃花多数为灌木，也有的是小乔木，可以长到几米高的树状，开花时十分壮观。它的花色根据品种不同而比较多变，自然环境中常成片生长，形成灿烂的花海，具有很强的观赏性，在中国的一些园林的溪边、池畔也十分常见。

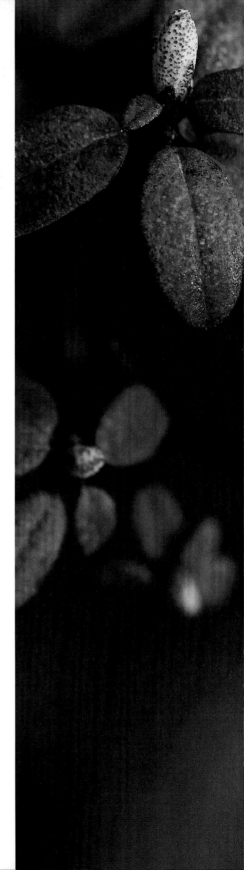

林芝杜鹃

Rhododendron nyingchiense

杜鹃花科　杜鹃花属

　　每年五六月份，林芝杜鹃花开得热闹非凡，色季拉山下、尼洋河畔、雅江之滨、沟谷之中，处处都是花的海洋，宛若世外桃源。林芝杜鹃是常绿小灌木，高0.3~1米，绮丽多姿，惹人喜爱。红色、粉红色或白色的杜鹃花，吸引了无数逐花而来的人，让地处西藏东南部的林芝地区也热闹起来。人们来到这里，都是为了一睹当地特有的林芝杜鹃的风采，而这些生长于海拔3700~4300米的林下或山坡的花朵，此时将高原装点成为一处人间仙境。

藏布杜鹃

Rhododendron charitopes subsp. *tsangpoense*

杜鹃花科　杜鹃花属

　　同样分布在林芝地区的藏布杜鹃，叶子带有一种芳香气味，赏花的时候别忘了嗅一嗅。藏布杜鹃一般只有0.25～0.9米高，最高可达1.5米，像一棵小树一样。它的叶子少而稀疏，花的颜色多种，有白色、粉红色、淡紫色，有的还有深色斑点，非常好看。虽然也是生长在林芝地区，但这种杜鹃生长于海拔2500～4100米的岩坡或灌丛中，在雅鲁藏布大峡谷的多雄拉山口（海拔4200多米）可以看见它的身影。

毛喉杜鹃

Rhododendron cephalanthum

杜鹃花科　杜鹃花属

　　毛喉杜鹃是高山杜鹃灌丛的优势种，分布于很多地区，如青海的玉树，四川西北部，云南北部、西北及中部，西藏东南部及南部等都可以看到它。它为常绿小灌木，通常高度只有0.3~0.6米，最高不超过1.5米。叶子质感厚，质地坚韧，还有一股芳香的气味。花朵有白色、粉红色、玫瑰色，每年5—7月，在海拔3000~4600米的多石坡地、高山灌丛草甸，都可以看到它们迎风起舞。

雪层杜鹃

Rhododendron nivale

杜鹃花科 杜鹃花属

　　淡紫色的五角星形花朵，粉红色的花蕊，是雪层杜鹃最显著的特征之一。它属于常绿小灌木，高度0.3～1.2米，矮的让人想到可爱的盆栽，高的又像挺拔的小树，在一些庭院中可以看到它的动人花枝。雪层杜鹃的花期较长，从5月至8月，一直开着，遍布于西藏的东南部、南部、东部及东北部，海拔3200～5800米的高山灌丛、冰川谷地、草甸等地都可看到。

矮小杜鹃

Rhododendron pumilum

杜鹃花科　杜鹃花属

　　矮小杜鹃，如其名称，高度0.1～0.25米，还未超过人的膝盖部位。这种常绿矮小平卧状灌木，呈匍匐状或蔓延状，分布于云南西北部、西藏东南部的海拔3000～4300米的高山灌丛、石坡、苔藓潮湿的石壁、高山湖泊边。每年5—6月，红通通的矮小杜鹃蓬勃怒放，大地被装扮得如同织锦一般绚烂。

半圆叶杜鹃
Rhododendron thomsonii
杜鹃花科 杜鹃花属

　　每年6月，在西藏南部，海拔3000多米的杂木林中，便会看到一片片开得正浓正艳的深红色花朵，微风徐来，一朵朵雨伞形状的花朵在风中摇摆，让原本人迹罕至的高原，多了一抹柔情。它们的名字叫半圆叶杜鹃，是常绿灌木或小乔木，身材高大，一株高可达2~4米，大约一层楼房的高度，"一棵开花的树"可以说是对其最好的概括。

黄杯杜鹃
Rhododendron wardii
杜鹃花科 杜鹃花属

　　每年七八月份，如果从雅鲁藏布大峡谷的派镇徒步行走至墨脱，可以在松林口布道（海拔3730米）附近看见黄杯杜鹃。这种高达4～7米的植物，堪称杜鹃花中的巨人。黄杯杜鹃是常绿灌木或小乔木，茂密的叶子生于枝端，淡淡的黄色花朵开在枝头，一朵朵大而美的花，在风中轻轻点头，犹如诉说着细小的心事。但要注意，黄杯杜鹃有微毒，可能会引起过敏，观赏的时候不要触摸花朵。

　　黄杯杜鹃分布地区较广，在四川西南部、云南西北部、西藏东南部海拔3000～4000米的山坡，云杉及冷杉林缘，灌木丛中也可看到。如果错过了花期，八九月份也还可以观赏果实。

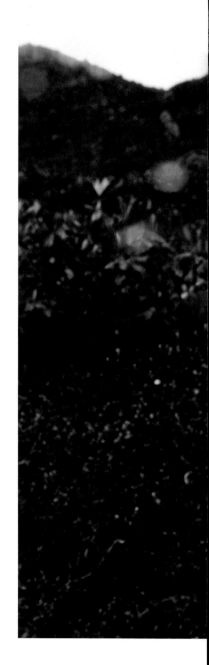

裂毛雪山杜鹃

Rhododendron aganniphum var. schizopeplum

杜鹃花科　杜鹃花属

　　裂毛雪山杜鹃是中国特有植物，如果看到了它一定要认真观赏，铭记于心。裂毛雪山杜鹃的花期较长，从6月开到8月，盛开时常由12朵花组成一个丰满的花球，看着让人赏心悦目。这种花的颜色会随着开放的时间而变化，初开为粉红色，后变成白色，还带有深红色斑点，很有趣。另外，它是常绿灌木，高1～3米，分布在西藏东南部和东部，云南西北部海拔3500～4600米的暗针叶林缘和高山灌丛中，比较不容易近距离观赏到。

高原的春天使者 报春花

在早春时节，雪水初融的时候，街道边、公园里的报春花悄然绽放。看到枝头一簇簇开得热闹的报春花，人们会想到，哦！春天来了！因此，这种极其常见和平凡的小花，是名副其实的春天信使。

报春花是报春花属植物的统称，草本植物。报春花的中文名为报春，学名为Primula，翻译成中文是"首先"的意思，均含有早开花的意义。报春花开花时有一个明显的特征，会从叶片中间长出高高的花葶，一圈小花开放在花葶顶部，十分清新脱俗。早春时节，看到了报春花开，大家别忘了仔细观察一下。根据种的不同，花的大小和颜色各异。报春花喜欢湿润的环境，常分布在湿草甸和湖畔及溪流边缘的湿地地区，在野外有时会成片分布，花葶根根耸立，花朵风中飞扬，仿佛是一片挂着彩旗的小旗杆，非常美丽。

林芝报春

Primula ninguida

报春花科　报春花属

　　就算是在有"西藏江南"之称的林芝，林芝报春也开得晚些，要到6月才会姗姗绽放。而它们一旦决定盛开，便会用一种倾其所有的热情，让西藏海拔3900～5000米的高山草甸、溪边林缘、灌丛，全被自己的情感感染。别看这种多年生草本植物，身高大约0.15米，没开花的时候像一棵不起眼的小草，当漫山遍野都被这些深紫红色小花占领时，飒飒风中，十分鲜艳好看。

杂色钟报春
Primula alpicola
报春花科　报春花属

　　杂色钟报春是雅鲁藏布大峡谷一带最常见的报春花类型，可以说在西藏的朗县、米林、林芝海拔3000～4600米的水沟边、灌丛下和林间草甸等地带随处可见。这种花为多年生草本植物，如其名字，颜色多种多样，黄色、淡黄色、白色、紫色，色彩斑斓。每年7月，杂色钟报春便会以自己特有的姿态，来迎接高原的最好时节。

乳黄雪山报春
Primula agleniana
报春花科　报春花属

每年5—6月，如果从雅鲁藏布大峡谷的派镇徒步行走至墨脱，在多雄拉山（海拔4500米左右）上常能看见乳黄雪山报春。若没有机会来此徒步行走，在云南的德钦、贡山和毗邻的西藏东部边缘地带，在海拔4000~4500米的高山草坡和溪边草地也可看到。

乳黄雪山报春为多年生草本植物，它的花梗很有趣，开花时稍微下弯，结果时则直立。花朵小小的，一串串的，有淡黄色、乳白色、淡红色等，都是不浓艳的色泽，给人淡雅的感觉。

白花杂色钟报春
Primula alpicola var. alba
报春花科　报春花属

　　白花杂色钟报春，顾名思义，是杂色钟
报春的白花类型，花朵为白色，十分素雅。
　　分布于中国西藏东南部。生长于水沟
边、灌丛和林间草甸，海拔3000～4600米。

紫花杂色钟报春
Primula alpicola var. violacea
杜鹃花科 杜鹃花属

　　紫花杂色钟报春是杂色钟报春的紫花类型，紫色的小花，惹人喜爱。

　　分布于中国西藏东南部。生长于水沟边、灌丛和林间草甸，海拔3000～4600米。

菊叶穗花报春

Primula bellidifolia

报春花科 报春花属

　　如果来到西藏的亚东、错那、朗县、米林、林芝，在海拔4200～5300米的多石的山坡上、杜鹃丛中或冷杉林下，经常可以看到一枝枝又细又长的花葶，上面开着一簇红紫色、淡蓝紫色小花。它就是菊叶穗花报春，为多年生草本植物，看着给人感觉有点儿头重脚轻的小花，茎干笔直，生命力顽强。

暗紫脆蒴报春
Primula calderiana
报春花科　报春花属

　　暗紫脆蒴报春开花的时候，就像一顶华盖，十几二十朵或暗紫色或酱红色的花朵组成一轮，顶在一根嫩绿色的花葶上，颜色搭配十分好看。但这一景象，只有在5—6月才能看到，若是7—8月，就只能看到果实了。这种多年生草本植物，分布于西藏的亚东、错那、隆子、朗县、米林、林芝、墨脱等地，生长于海拔3800～4700米的高山草地和水沟边。看到它时要注意，它的根茎新鲜时有股难闻气味。

条裂垂花报春

Primula cawdoriana

报春花科　报春花属

　　如果能在8月间来到雅鲁藏布大峡谷，便会看到一种花朵看上去仿佛流苏一般美丽动人的植物，这就是条裂垂花报春。它们有着蓝紫色的花瓣，往里靠近花萼部分渐变为绿白色，过渡极其自然，令人叹为观止。这种花为多年生草本植物，分布于西藏的隆子、朗县、林芝，多生长于海拔4000～4700米多石的山坡草地，常年与绿草为伴。

中甸灯台报春

Primula chungensis

报春花科　报春花属

　　生长在林间草地和水边的中甸灯台报春，在当地是一种极其常见的小花，在云南的中甸，四川的木里，西藏的波密、林芝、察隅都可看到。若是5—6月来到雅鲁藏布大峡谷，它们会用黄澄澄的花瓣来迎接远道而来的客人。中甸灯台报春是多年生草本植物，叶子有椭圆形、矩圆形等，如果看到了别忘了区分一下各种形状。

展瓣紫晶报春

Primula dickieana

报春花科　报春花属

　　展瓣紫晶报春很常见，在云南西北部和西藏东南部地区的高山草地都有分布。这种多年生草本植物，喜欢湿润的环境。花朵的颜色多变，有黄色、白色、淡紫色、紫蓝色等，一同开放在草地上的时候，给人目不暇接的震撼。与其他品种的报春花相比，展瓣紫晶报春的花瓣很有特色，几朵花瓣比较平展地张开，形成一个平面的圆形。

春花脆蒴报春
Primula hookeri
报春花科　报春花属

　　被列入中国十大徒步行走路线之一的墨脱线路，是众多户外旅行者梦寐以求的地方。而若是六七月份来到这里，便可以看到洁白、娇嫩的春花脆蒴报春。这种多年生草本植物分布于云南的德钦和西藏的朗县、米林、墨脱，在雅鲁藏布大峡谷的多雄拉山区比较常见，它们一般生长在海拔4000～5000米的高山草地、多石的山坡和林下区域。

小花灯台报春
Primula prenantha
报春花科　报春花属

　　每年五六月份开花的小花灯台报春，是一种非常小巧、可爱的花。黄色的花朵，长在10多厘米的花茎上，钟状的花，松松散散地分布着，看着给人漫不经心的感觉。除了西藏的隆子、朗县、墨脱、林芝、米林，在云南的贡山也可以看到这种小花，这种多年生小草本植物，多生长于海拔2400～3300米的高山草地和沼泽草甸中。

钟花报春
Primula sikkimensis
报春花科　报春花属

　　6月开花，9—10月结果的钟花报春是很奇妙的花，盛开时花朵是黄色的，带有少许乳白色，一旦干枯后常常变成绿色，与周围海拔3200～4400米的林缘湿地、沼泽草甸融为一体。作为雅鲁藏布大峡谷一带最常见的一种报春花，它还分布于四川西部，云南西北部，西藏的林芝、昌都、芒康等地。

暗红紫晶报春
Primula valentiniana
报春花科　报春花属

　　暗红紫晶报春是一种让人看一眼就会喜欢上的小花，纤细的花葶顶端开出一两朵花，欲笑还羞地低着头，由淡紫红色过渡到深紫红色的花瓣，色彩自然细腻，堪称大自然的杰作。若想看到这娇嫩的小花，要在7—8月，前往云南的贡山和西藏察瓦龙至米林多雄拉山口一带，因为海拔3800～4200米的高山草地含泥炭的土壤是它们的家。

腺毛小报春
Primula walshii
报春花科 报春花属

　　很难想象，在天高云阔，海拔3800～5400米的高山草甸、草地和水边，还生长着只有2厘米高的小花。或粉红色，或淡蓝紫色的花朵，每年六七月份，静悄悄地盛开在广袤无垠的高原上，让人为之动容。因此，在西藏南部、东南部，四川西部行走的时候，一定要留心观察，不要踩到这种多年生矮小草本植物。

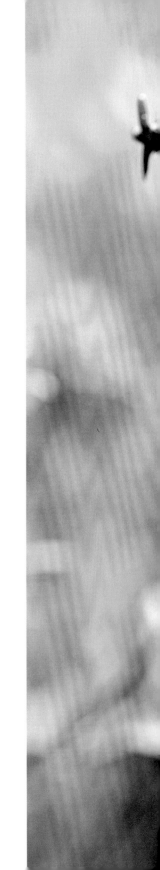

紫折瓣报春

Primula advena var. euprepes

报春花科　报春花属

　　花朵通体深紫色的紫折瓣报春，也可以说是报春花中的一枝独秀。然而，要想一睹它的风采，只能在7—8月，来到西藏的米林。生长于海拔4000～4300米的高山草地的它，是西藏东部的特有植物种类。

草地上的一抹蓝 龙胆花

　　每当秋日来临，在高原上就会盛开一些蓝色的小花，让即将枯黄的草甸有了天蓝色的点缀，它们就是龙胆。龙胆的植株比较矮小，花朵生长于小枝的顶端，花冠常呈漏斗形或钟形。放眼望去，朵朵小花如同星星般点缀于草丛之中，耀眼而美丽。

　　中国的龙胆有240多种，大多数生长于西南地区。龙胆味苦，其根和根茎皆可入药，具有清热、泻肝火、定惊之功效。

条裂龙胆
Gentiana lacinulata
龙胆科 龙胆属

　　条裂龙胆的身材非常矮小，高度仅2～3厘米，还没有大拇指高。至于它们椭圆形的叶子就更小了，长度仅仅有3.5～6毫米，需要用放大镜才能看清楚。而那外形像一只高脚杯的蓝紫色的花朵，到了8月，静静地开放着，好像镶嵌在海拔3900～4230米的高山草甸上一样。一片阳光洒下，小小的花朵才露出笑容。

柔软龙胆

Gentiana prainii

龙胆科 龙胆属

　　柔软龙胆在西藏地区海拔3800米左右的灌丛中都可见到。它的枝条如其名字一样，是柔弱的、光滑的，向上斜伸着，好像要去触摸高原上碧蓝的天空。白色带有蓝灰色条纹的花非常袖珍，直径仅为5～6毫米，不凑近些几乎看不到。不要以为开这么小的花，整株身材也是小巧玲珑的，柔软龙胆可以长到1米高呢！更值得留心观察的是，它的花期和果期同在一个月份，都是9月。

假水生龙胆

Gentiana pseudoaquatica

龙胆科　龙胆属

　　假水生龙胆分布于中国的大江南北，从海拔1100～4650米，河滩、水沟边、山坡草地、山谷潮湿地、沼泽草甸、林间空地及林下、灌丛草甸等地方，它们的身影可以说无处不在。这种邻水而生的小花，只有3～5厘米高，深蓝色的花朵，尖尖的花瓣，从上方看去好像一颗颗星星，十分可爱。假水生龙胆开放的时间很长，从早春4月一直开到8月酷暑。

喜马拉雅蓝罂粟 绿绒蒿

提到绿绒蒿，大多数人都不免感到陌生，因为这种植物只生长在海拔3000～4000米以上的流石滩和冰川的前缘，在平原谷底很难见到它的身影。欧洲人推崇绿绒蒿为世界名花，因为其花色常为罕见的蓝紫色，花瓣大而薄，与罂粟有相似之处，所以称其为"喜马拉雅蓝罂粟"！

中国一共有40余种绿绒蒿，集中分布在横断山区和喜马拉雅地区，这两个地区是当之无愧的"喜马拉雅蓝罂粟"的故乡。当我们看到绿绒蒿的名字，也许会误认为它的花是绿色，其实不然，这个名字的来源是因为这种花的绿色的茎部常生有茸毛和刚刺，所以称之为绿"绒"蒿。

藿香叶绿绒蒿

Meconopsis betonicifolia

罂粟科　绿绒蒿属

　　许多曾经抵达横断山和喜马拉雅山的西方探险家都会被一种美丽的高山花卉折服，他们称这种花为"喜马拉雅蓝罂粟"，这种神奇而美丽的花卉就是大名鼎鼎的"绿绒蒿"。我们认识的第一种绿绒蒿就是花瓣较大的"藿香叶绿绒蒿"。它们生长在云南西北部以及西藏东南部，海拔3000～4000米的林下或草坡上，高不过1米，有些单独生长，有些成群落生长。4片蓝色的大花瓣十分抢眼，在风中摇曳多姿。

硫磺绿绒蒿

Meconopsis sulphurea

罂粟科　绿绒蒿属

　　1903年7月14日，英国植物学家亨利·威尔逊在四川的康定见到了他此行的重要采集目标，就是被西方人称为"喜马拉雅黄色罂粟花"的硫磺绿绒蒿，并在他的日记中记录下喜悦和激动的心情。

　　这种一年生或多年生草本植物，可长到1.5米高。它全体遍布锈色和金黄色的长柔毛，很有特色。硫磺绿绒蒿在中国分布较广，甘肃西南部、青海东部至南部、四川西部和西北部、云南西北部和东北部、西藏东部都可看到。它们多生长于海拔2700～5100米的高山灌丛下或林下、草坡、山坡、草甸等地，每到5—11月，花朵和果实同时挂在茎端。

拟多刺绿绒蒿
Meconopsis pseudohorridula
罂粟科　绿绒蒿属

　　拟多刺绿绒蒿目前已并入美丽绿绒蒿的一个亚种里去了。它的名字里之所以有"多刺"二字，是因为它的植株全体满布黄褐色坚硬的刺，看到的时候要小心，不要用手触摸哦！虽然身上布满硬刺，但它却开着迷人的淡蓝紫色花朵，丝毫也没有阻止人们对它的喜爱。

　　这种身高只有10厘米的小花，生长在海拔4700米以上的山地流石滩附近，要想一睹芳容，还需七八月份前往西藏的林芝。

滇西绿绒蒿
Meconopsis impedita prain
罂粟科 绿绒蒿属

　　滇西绿绒蒿为一年生草本植物，全株高度20～30厘米。叶全部基生，叶片狭椭圆形、披针形、倒披针形或匙形。花长在华葶上花下垂，花瓣4～10片，颜色为深紫色或蓝紫色，花果期5—11月。生长于海拔3400～4500米的草坡或岩坡上。分布于四川西南部的木里、乡城、稻城，云南西北部的维西、丽江、贡山、德钦，西藏东南部的察隅和缅甸东北部。

总状绿绒蒿

Meconopsis racemosa

罂粟科 绿绒蒿属

　　总状绿绒蒿还有很多别名，如刺参、条参、鸡脚参、雪参、红毛洋参等。它是一年生草本植物，分布地区很广，在云南西北部、四川西部和西北部、西藏、青海南部和东部、甘肃南部都可看到，它主要生长在海拔3000～4900米的草坡、石坡，有时生于林下。5—11月，在这些地方，遇到高20～50厘米、浑身长着黄褐色或淡黄色的硬刺、开着天蓝色或蓝紫色或红色的花朵的植物，那多半就是总状绿绒蒿。

单叶绿绒蒿
Meconopsis simplicifolia
罂粟科 绿绒蒿属

　　单叶绿绒蒿为一年生或多年生草本植物，高度在20～50厘米之间，全体长着棕色或金黄褐色的刚毛，花朵很大，直径8～10厘米，为美丽的蓝紫色至天蓝色，映衬着朱红色的花蕊，十分醒目。6—9月，来到西藏的林芝、米林、错那、亚东、聂拉木等地，在海拔3300～4500米的山坡灌丛草地或石缝中，一眼就能看到这种艳丽的花朵。

奇特的高原观赏植物

　　除了四大高山花卉，青藏高原还有一些独具特色的物种，比如塔黄、鸢尾、岩须等。它们都是典型的高海拔植物，其形态结构均已适应了当地特殊的气候和地质条件。大黄属（塔黄）多分布在流石滩地带，伴以细小溪流的湿草甸地带生长着鸢尾属植物，而岩须属则多生长于山坡灌丛或冰碛（qì）石石缝中。

塔黄

Rheum nobile

蓼科　大黄属

　　到了西藏喜马拉雅山麓及云南西北部，海拔3900～4000米的山坡草地、高山石滩、湿草甸地区，经常会远远地看到一株株直立高大、粗壮挺拔的植物，它只有一根茎，被黄色的总苞层层覆盖着，看上去确实像一座黄色的宝塔，在苍茫天地间，极其壮观，这就是塔黄。

　　这种多年生草本植物可长到2米高，6—7月开花，9月结果。如果有机会来到雅鲁藏布大峡谷的那拉措或是多雄拉山，也可以看见它的身影。

金脉鸢尾

Iris chrysographes

鸢尾科 鸢尾属

　　除了在西藏的鲁朗周边地区之外，在四川和云南一些地方，也能够看到金脉鸢尾，这种多年生草本植物生长在海拔1200～4400米的山坡草地或森林边缘，长相、神态与兰花有几分相像，具有一定观赏性。由于它深紫红色的花瓣中部有一条金黄色的条纹，所以得此美名。

133

岩须

Cassiope selaginoides

杜鹃花科　岩须属

　　身高仅为5～25厘米的岩须是一种常绿的半灌木，样子很有个性，枝条上密密麻麻地长满叶子，头顶开着一朵紫红色的小花，有点儿像一只直立起来的蜈蚣。它主要分布于四川西部、云南西北部、西藏东南部，多生长于海拔2000～4500米的灌丛中或灌丛草地，在高海拔的山口附近常常能看见这种小灌木。

扫帚岩须
Cassiope fastigiata
杜鹃花科　岩须属

　　扫帚岩须因枝条像一把扫帚而得名，它主要生长于海拔3800～4500米的山坡灌丛中或冰碛石的石缝中，分布于西藏和云南地区。别看这种常绿丛生小灌木只有15～30厘米高，却是高海拔地区的指示性植物。在翻越多雄拉山和那拉措徒步时，高海拔的岩石上比比皆是这种植物成群分布的身影。边上长着犹如白色长睫毛的叶子，由5片花瓣组成的白色小花，都是扫帚岩须的标志。

尼泊尔鸢尾

Iris decora

鸢尾科 鸢尾属

尼泊尔鸢尾是多年生草本植物，叶子纤细修长，一枝独秀，挺立而出的花葶最高能长到25厘米，外观与兰花有几分相似。一般6月开花，7—8月结果。在中国四川、云南、西藏都有分布，主要生长在海拔1500～3000米高山带的荒山坡、草地、岩石缝隙及疏林下。

鲁朗报春

博物行知

植物的观测与拍摄

① 如何观测植物

在野外考察的过程中，我们最容易接触到的、最常见的就是各类植物，所以对植物的观测和观赏也是最容易进行的。想要很好地在野外观测植物，获得更多的收获，一定要提前做好功课，尽量多地收集观测地点的各种信息，才能做到有的放矢。以雅鲁藏布大峡谷地区为例，如果要观测这一地区的植物，我们必须要了解植物的生命周期和分布情况，才能制定出很好的观测路线和方案。

对于野生的植物观赏，我们常以植物的形态与生长时期来划分，比如有观花型、观叶型、观果型之分，通常观花型植物是最多的。在雅鲁藏布大峡谷及其周边地区，植物的花期从4月最先开放的桃花开始，5—6月相继开放的是杜鹃报春、绿绒蒿等，直到7月进入开花的全盛期，此时也是观赏植物的最佳季节，8月果实开始相继成熟，持续到9月的龙胆花开，也预示着高原花期的逐渐结束。把握好各类植物开花的时间，才能顺利地找到想要观测的物种。

雅鲁藏布大峡谷地区的典型植被类型种类较为丰富，在不同的海拔有着不同的植物分布，一般来说2500~3500米是最佳的观测海拔段。各种植物都有自己分布的主要生境，以四大高山花卉为例，高山灌丛主要由数种杜鹃花属植物构成，灌木较低矮时，其空隙处常伴生有多种报春花属植物；高山草甸与其下的高山灌丛过渡地带，均可见到绿绒蒿属、龙胆属等颇具观赏价值的高山花卉；报春花属植物多分布在湿草甸和湖畔及溪流边缘湿地地带。了解这些背景知识，对于植物观测是大有帮助的。

② 植物的拍摄

植物的拍摄并非很难的事情，现在许多的消费级数码相机都带有"微距"功能，对于一般旅行者来说，这一功能足够拍摄所看到的植物。要求更高的观测者如果拥有单反相机，那微距镜头一定是记录植物姿态的最佳选择。使用频率较高的是100毫米微距镜头，微距镜头对于拍摄花卉的各种细节十分有帮助，当然如果要拍摄花卉整体形态以及生境，好的中焦或广角镜头也非常必要。

在拍摄植物的时候，可以运用一些小技巧，这会让你的照片更加美观，同时也更具有辨识性，便于对植物物种的辨识和学习。

拍摄技巧

技巧一 选择干净的背景

　　杂乱无章的背景既突出不了照片的主题，也无法很好地记录物种的形态。所以我们在拍摄植物的时候，要尽量选择干净的背景，比如蓝天、绿叶，或者较为低矮单纯的植被等。如果是可调节光圈的相机，可以把镜头的光圈开大，也能把背景虚化，突出主体。

技巧二 选择适合的光线

　　每天早晨和傍晚太阳角度较低时，色温低，反差大，光线柔和，在这两个时段拍摄植物，会让画面看起来更舒服。中午光线太强的时候，可以选择拍摄一些花瓣比较薄的花朵，让光线透过花瓣，拍出一种透明的效果。

技巧三 选择合适的角度

　　如果要给植物留下影像记录，便于以后进行学习和辨识，可以给一种植物拍这样三张照片：一张是花朵的特写，一张是植物的全株照，还有一张是植物生长的环境照。通过这样三张不同角度的照片，就能基本把植物生长的细节和环境都表现出来。

鲁朗在雨中的森林

探秘天脉神湖

南迦巴瓦与那拉措自然之旅

那拉措的自然徒步之旅是雅鲁藏布大峡谷最经典的一条生态旅行线路。路上可以观赏到高山冰川、高山湖泊、苔原与流石滩、针叶林、阔叶林等自然景观及地貌。这一路植物物种十分丰富，四大高山花卉"杜鹃花、报春花、绿绒蒿、龙胆"等都可以在沿途欣赏，此外在海拔较低的林区还可以观赏到珍贵的兰科植物，以及广泛分布在暖温带、亚热带的竹子、天南星等观赏植物。这条线路比较舒适的走法需要三天的时间。这条线路需每天徒步行走8千米左右，海拔在2800～4000米升降，难度较大，适合成年人及13岁以上且有家长陪同的青少年。

DAY1 格嘎大桥—南迦巴瓦峰第一大本营

里程：8千米
扎营：南迦巴瓦峰第一大本营

从雅鲁藏布大峡谷的格嘎大桥出发。一路奔向南迦巴瓦峰第一大本营，沿途可回望雅鲁藏布江、近距离观赏南迦巴瓦峰，到达吉定当嘎大草坝，即到达南迦巴瓦峰第一大本营。

南迦巴瓦峰第一大本营海拔3527米，由此仰观，南迦巴瓦峰若扑面而来，晚上看月光下的南迦巴瓦峰，静谧优雅；听雪崩的声音，撼人心魄！

DAY3 那拉措湖—南迦巴瓦观景台—派镇

里程：9千米

在那拉措游玩结束后，便可徒步行走返回。回去的路经过一个林木环绕的小草坝子，牛马三两群。往下走，我们进入了格嘎沟所在的森林峡谷，小径一路有修竹相伴，右侧尽是闻水声而不见水。景色与前两日不同，美中有险，却心情放松。下山之后还可以在著名的格嘎温泉沐浴，泡泡温泉看看雪山。

DAY2 南迦巴瓦峰第一大本营—杜鹃林海—那拉措湖

里程：8千米
扎营：那拉措湖

　　早上观南迦巴瓦日出，气象万千！太阳即将从山后升起之时，云被渲染成五彩、整个山脊镶嵌金边，就在一刹那，太阳从顶峰右侧凹处跃然呈现，我们每一个人都沐浴在耀眼阳光中，都沉醉于震撼与敬畏之中，感恩之心自然升涌，有哭有笑。

　　穿过吉定当嘎大草坝即进入原始森林，参天大木枝头挂满苔藓松萝，宛若超大版的毛绒玩具店般妙趣横生，而林间长年堆积而成的腐殖层地面则如同羊毛地毯。跨越南迦巴瓦的雪融水汇成的格嘎沟时，有激流有暗河还有冰慢似的沟壁陡坎等，需打起十二分精神和小心；而后经过的长达数千米的杜鹃林，则会给你目不暇接的回报。

　　海拔4200余米处突现一大平台，台上奇石林立，开满了金露梅，视线越过一片杜鹃林，远处就是天脉神湖那拉措。

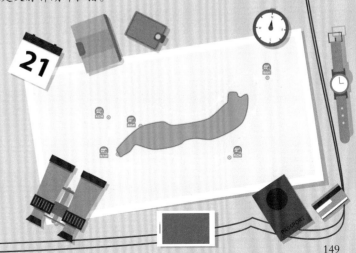

泛起金光的神湖拉昂错

有些地方你一旦踏足就永远无法割舍与忘怀，无论你离它有多么遥远，譬如西藏。2011年，我无意中在杂志上看到关于雅鲁藏布大峡谷的生物影像考察的长篇报道文章，跃跃欲试的心就开始盘算如何踏上这片神奇的土地。2012年年初，我加入了罗浩老师的团队，这支团队就是罗浩在之前两年考察的基础上发起组建的西藏生物影像调查（Biodiversity Image Survey To Tibet）机构，英文缩写TBIS，同时我也在西藏林芝开始了三年的生物影像多样性考察。

说到西藏，那些经过碎片化信息教育的网络文艺青年一定能说出杜撰的仓央嘉措情诗"那一世转山……"。进阶版的也可能会念出"西藏是一块孤独的石头，坐满整个天空"。然而什么是西藏？并不仅限于符号化的精神信仰，更是这片神奇土地的多样与富饶。这些考察的岁月总能让人有着深深的感悟。孤独，让我有时会恍惚感受到"洞中方七日，世上已千年"的沧海桑田；繁华，不在于高原城市化的高楼大厦，而是在于每一个不同的生命。我能感受到的是每一次走过垭口，随行的藏族队友脱帽并喊出的祭奠山神、祈祷万物生灵平安的心咒，这是一种敬畏，而不是所谓的征服。走在天与地的无垠旷野之中，才能感到生命的渺小与脆弱，所以常常怀着一颗敬畏的心，你会收获不一样的人生。

西藏生物影像调查自2010年开始，首先在雅鲁藏布大峡谷展开，经历了两年考察，将整个大峡谷的入口段、深入地段做了详细的影像生物多样性科学调查。与传统的科考不同，我们的方法是"有图有真相"，即记录到的物种信息必须包含高清的图片或是视频影像。与此同时考察队还走访了大峡谷入口处的村庄，进行了人类学田野调查，人文与自然的并进也是西藏生物影像调查的一大特色。2011年在西藏巴松措进行了人类第一次在海拔3600米的冰川堰塞湖潜水考察，2012年转战大峡谷另一侧的鲁朗，2013年足迹踏上阿里高原，2014年到雅鲁藏布大峡谷出口段的墨脱，2016年为推进生物多样性保护事业，西藏生物影像调查更名为西藏生物影像保护（Tibet Biodiversity Image Conservation），英文缩写TBIC。2018年又探访了珠穆朗玛峰北坡大本营，吉隆、布勒、陈塘等几条沟，走遍除了藏北草原的西藏大部分地区，纵跨冰雪苔原、草原、针叶林、落叶阔叶林、常绿落叶阔叶林、热带雨林等自然带。跨越山川河流，走过戈壁草原，在无垠的旷野与茂密的原始森林中，也许是别人眼中的诗和远方，但对于亲历者有面临生命的危险，有不可预知的意外，有无功而返的沮丧。在一切光鲜的背后，也许不能想象到曾经因为考察经费的筹措举步维艰，不能想象到这个团队的坚持与守望。罗浩在这次珠峰考察前说："在这个纷纷扰扰的世界上，有些人远在我们的视线之外生活着，其实，他们的生活态度，才是我们现在比任何时候都需要的东西。他们关心冰川的消融，关心植被与动物的迁徙，关心雪山湖泊以及人类最终的命运，关心着许多别人认为并不重要的事情，我们就正在做这样的人。"不说那么多崇高的情怀，其实热爱自然的人就是那么简单，简单可以带来更多幸福感，简单也可以让一群人"傻傻"地坚守。可能这一切都是没用的吧，这些阅历和成果也换不成房子，然而这一切又是无价的，它凝结了人类对于世界一切的探索，也凝结了一群朴素之人对于自然的虔诚与敬畏。

从2012年我们开始整理考察成果并与北京出版集团合作，陆续出版了《雅鲁藏布的眼睛》《生命记忆》《山湖之灵》《莲花秘境》等4本图书，结集为"环喜马拉雅生态观察丛书"。2015年我们开始讨论一套新的丛书，将考察成果轻量化、实用化，能面向不同年龄层次的博物爱好者，经过近三年的编纂，经历了两次内容的全部推翻重来，眼前的这套博物丛书应运而生。整体内容可以算是TBIS2012—2014年的一个浓缩的精华，将更加常见的物种，更具有高原代表性的物种呈现出来，并用有趣的描述、通俗的解释来介绍这一切，开本做了调整，可以随身携带。纠结、争执、变化、停滞、重生，一套丛书的诞生，包含了这一切，在TBIC的经历锻炼了我的坚毅与专注，我想这是我能坚持下来的原因。累计7年的考察与出版编辑工作，也让我和孩子聚少离多，希望他能喜欢这套丛书。爱上自然，忘掉那些被大人世界自我枷锁的烦恼。

沈鹏飞　于北京

主创团队简介

主编　罗浩

探险家，西藏生物影像保护（TBIC）创始人

曾任纪录片《垂直极线》《阿里金丝野牦牛》的执行导演、纪录片《大草原》西藏部分导演。西藏摄影家协会副主席。曾任《西藏人文地理》杂志执行主编。策划主编"环喜马拉雅生态观察丛书"，并已出版《雅鲁藏布的眼睛》《生命记忆》《山湖之灵》《莲花秘境》。2010年创办西藏生物影像调查（英文缩写TBIS）非政府机构。8年来在西藏雅鲁藏布大峡谷、巴松措、鲁朗、阿里神山圣湖、察隅、墨脱、珠穆朗玛峰、亚东、吉隆、嘎玛沟等地组织开展生物多样性调查，立志"用影像的力量保护西藏的生物"。

执行主编　沈鹏飞

本书执行主编、统筹编辑。撰稿人、纪录片导演、专栏作者。在西藏工作3年，并全程参与了TBIS鲁朗、阿里、察隅、墨脱等地的考察。参与策划编辑"环喜马拉雅生态观察丛书"，并已出版《雅鲁藏布的眼睛》《生命记忆》《山湖之灵》《莲花秘境》。主持参与TBIC的尼洋河、苯日神山人文考察，出版《西藏人文地理》增刊《精读苯日神山》；Lonely Planet《丝绸之路》旅行指南策划、统筹作者；策划并执导中日合拍的边疆少数民族题材纪录片《最后的沙漠守望者》；导演自然生态纪录片《自然北京》。

摄影与撰稿

张巍巍

著名集邮家、昆虫学者、科普作家、生态摄影师，业余从事昆虫分类研究，曾发现昆虫新属、新种若干，现为国际竹节虫物种库（PSF）中国专家。编写或主编有《昆虫家谱》《中国昆虫生态大图鉴》《中国竹节虫目录》等书籍。

冯利民

生物学博士，北京师范大学生命科学学院讲师，中国猫科动物保护联盟成员。

吴立新

著名水下摄影师，2002年开始从事水肺潜水运动并开始从事水下摄影。参与2011年TBIS巴松措的水下生物多样性影像调查。

刘源

人类学博士，人文摄影师，擅长人类学野外调查研究。

彭建生

藏族自然摄影师，作品曾多次在国内摄影比赛中获奖。资深的生态旅游专家，致力于通过自然影像和高质量的生态旅游促进人与自然的和谐相处，著有《横断山区高山观赏花卉》《纳帕海的鸟》等图书。参与2010—2013年TBIS雅鲁藏布大峡谷、鲁朗、巴松措、阿里等地生物影像考察。

董磊

自然摄影师，西南交通大学艺术与传播学院教师。作品多次入围BBC野生动物年赛。

陈尽

自然摄影师、昆虫研究者、自然科普撰稿人，毕业于中国农业大学。参与2014年墨脱生物影像考察，参与编辑TBIS出版的《生命记忆》《山湖之灵》《莲花秘境》等书籍。

邢睿

网名"西锐"，自然科学发烧友，荒野新疆生态网和荒野公学的创始人、新疆动物学会理事。出版和参与编辑出版《新疆特色鸟观鸟旅行攻略》《雪豹下天山》等科普书籍。参与2014年TBIS察隅、墨脱生物影像冬季考察。

王辰

自然生态摄影师、植物学者、科普作家。《中国国家地理》杂志青春版编辑。著有《常见野外野花识别手册》《甘孜野花》《中国湿地植物图鉴》等。

袁媛

西藏户外协会副秘书长、TBIC项目主管，参与TBIC雅鲁藏布大峡谷、巴松措、鲁朗、阿里等地考察。

胡杨

自由摄影师、纪录片导演、旅行作家。

雷波

自然摄影师，主攻原生态昆虫微距摄影，作品曾获《中国国家地理》"荒野传奇"自然摄影大赛金奖。

范毅

自然摄影师，职业人像摄影师，云南野生动物保护协会会员。

吴秀山

毕业于中国农业大学兽医专业，北京动物园高级兽医师，长期从事动物保护及种群繁育工作。参与2010年TBIS雅鲁藏布大峡谷生物影像考察。

徐建

野生动物摄影师、自由撰稿人。《中国国家地理》杂志前编辑，《博物》杂志前编辑部主任。参与2010—2013年TBIS雅鲁藏布大峡谷、鲁朗、巴松措等地生物影像考察。

郭亮

自然摄影师，毕业于北京大学生物系。其多个作品曾分获首届《中国国家地理》"荒野传奇"自然摄影大赛哺乳动物组金奖、铜奖、优秀奖。2010—2013年参与TBIS雅鲁藏布大峡谷、鲁朗、巴松措、阿里等地生物影像考察。

李磊

纪录片制作人，多年来致力于自然保护题材纪录片制作。2010—2013年参与TBIS雅鲁藏布大峡谷、鲁朗、巴松措等地生物影像考察。

程斌

自然摄影师、策展人、专栏作家。摄影作品曾获"中国原生态国际摄影大展"一等奖，"美国国家地理摄影全球大赛"铜奖。参与2013年TBIS阿里神山圣湖生物影像考察。

肖诗白

生态摄影师，擅长两栖爬行类动物的拍摄。

崔士民

猫盟CFCA公益环保组织成员，自然摄影师。

江冲

北京师范大学自然资源专业硕士，多年来专注于自然美、地理美、少儿科普读物的出版，倡导父母培养孩子从小的自然感知力，让孩子拥有受益终身的自然情怀。

贾世海

资深出版人、西藏文化挖掘者、野外高山摄影师及民族工艺产品设计师。

冷林蔚

《十月少年文学》杂志执行主编，多年从事少儿出版工作。喜欢读书、热爱大自然，已发表图书评论和科普作品近百篇。

装帧设计

刘曼

视觉设计师，独立首饰品牌设计师。曾担任北京国际电影节纪录单元主视觉设计师，多部纪录电影主形象系列海报设计师。

特约编审

郭冬生

北京师范大学生命科学学院高级工程师、自然摄影师、博物学者。常年赴国内外各地从事野生动物拍摄工作。著有《中国昆虫生态大图鉴》《中国鸟类生态大图鉴》等。

吴岚

北京大学保护生物学博士、自然摄影师，常年在青藏高原研究棕熊。现从事东亚—澳大拉西亚候鸟迁飞区湿地与濒危水鸟保护相关研究工作。著有《三江源高寒地区食物链大揭秘》《燕园草木》等科普读物。

魏来

植物学博士、北京师范大学生命科学学院副教授、自然摄影师。常年赴云南、西藏等地开展植物调查和拍摄工作。

雷维蟠

动物学博士，多年致力于青藏高原鸟类调查、分类以及相关研究工作。

参考书目及参考数据库

【01】 吴征镒, 西藏植物志·第一卷. 科学出版社, 1983

【02】 约翰·马敬能(John MacKinnon), 卡伦·菲利普斯（Karen Phillipps）, 中国鸟类野外手册. 湖南教育出版社, 2000

【03】 盖玛(Gemma F.), 解焱, 汪松, 史密斯(Andrew T.Smith), 中国兽类野外手册. 湖南教育出版社, 2009

【04】 张巍巍, 李元胜, 中国昆虫生态大图鉴. 重庆大学出版社, 2011

【05】 李丕鹏, 赵尔宓, 董丙君, 西藏两栖爬行动物多样性. 科学出版社, 2002

【06】 谢仲屏, 西藏昆虫·第一册. 科学出版社, 1981

【07】 中国科学院, 西藏昆虫·第二册. 科学出版社, 1982

【08】 中国科学院登山科学考察队, 南迦巴瓦峰地区生物. 科学出版社, 1995

【09】 费梁, 中国两栖动物图鉴. 河南科学技术出版社, 1999

【10】 李达明, 温世生, 中国野生动物保护协会, 中国爬行动物图鉴. 河南科学技术出版社, 2002

【11】 Flora of China : http://foc.eflora.cn/

【12】 中国植物物种信息数据库http://db.kib.ac.cn/

【13】 中国动物主题数据库http://www.zoology.csdb.cn/

鸣谢

TBIC考察工作组

罗浩、沈鹏飞、袁媛、明思亮、徐友勇、达娃、肖坤南、巴桑次仁、次旦顿珠、龙虎林、贾世海、唐颖、桑杰曲珍、李银素

感谢在TBIC考察过程中给予无私帮助的志愿者

项蓉、土艳丽、潘刚、张淑君、李生涛、高萱、杨骏、安吉拉、多吉、格桑旦达、王继涛、姚雪菲、汪凌、李泽刚、于敬伟、廖力、康诗腾、格桑、黄海涛、黄洁

编辑助理

贾丽艳（西藏大学）、胡斐卓（清华大学）

* 西藏生物影像保护（Tibet Biodiversity Image Conservation，TBIC），原名为西藏生物影像调查（Biodiversity Image Survey To Tibet，TBIS），成立于2010年，是西藏自治区致力于生物影像采集与生态保护的非营利民间机构。

图书在版编目（CIP）数据

美丽的绽放：喜马拉雅山脉的特有花卉 / 西藏户外
协会，罗浩主编 . — 北京：北京出版社，2019.5
（环喜马拉雅生态博物丛书）
ISBN 978-7-200-14442-0

Ⅰ . ①美… Ⅱ . ①西… ②罗… Ⅲ . ①喜马拉雅山脉
—花卉—普及读物 Ⅳ . ① S68-49

中国版本图书馆 CIP 数据核字 (2018) 第 236086 号

环喜马拉雅生态博物丛书

美丽的绽放
喜马拉雅山脉的特有花卉
MEILI DE ZHANFANG
西藏户外协会　罗浩　主编

出　版	北京出版集团公司	
	北 京 出 版 社	
地　址	北京北三环中路 6 号	
邮　编	100120	
网　址	www.bph.com.cn	
总发行	北京出版集团公司	
经　销	新华书店	
印　刷	北京华联印刷有限公司	
版　次	2019 年 5 月第 1 版	
印　次	2019 年 5 月第 1 次印刷	
开　本	710 毫米 ×1000 毫米　1/16	
印　张	10.5	
字　数	164 千字	
书　号	ISBN 978-7-200-14442-0	
定　价	68.00 元	

如有印装质量问题，由本社负责调换

质量监督电话　010 – 58572393

责任编辑电话　010 – 58572568